CINQUIÈME MÉMOIRE

SUR

LA THÉORIE DES NOMBRES,

PAR M. F. LANDRY,

LICENCIÉ ÈS SCIENCES MATHÉMATIQUES.

Juillet 1856.

THÉORÈME

SUR LES RÉDUITES D'UNE NOUVELLE ESPÈCE DE FRACTIONS CONTINUES.

PARIS,

LIBRAIRIE DE L. HACHETTE ET CIE,

RUE PIERRE-SARRASIN, N° 14,

(Près de l'École de médecine).

1856.

Le troisième et dernier livre de la première partie des *Recherches nouvelles* sur le théorème de Fermat, paraîtra *très-incessamment*.

(C.)

THÉORÈME

SUR LES RÉDUITES D'UNE NOUVELLE ESPÈCE DE FRACTIONS CONTINUES.

QUELQUES MOTS AU SUJET DU NOUVEAU THÉORÈME.

Dans leurs recherches sur l'analyse indéterminée, les géomètres ont fait dépendre la résolution des questions qu'ils ont abordées, de celle d'équations qui sont devenues célèbres dans la science; et les principes, qu'ils ont posés, sont restés comme les bases de la théorie. Telles sont surtout les équations $x^2 - Ay^2 = \pm 1$, $x^2 - Ay^2 = \pm D$.

Nous proposons aujourd'hui un théorème qui a rapport à la résolution des équations de la forme $x^2 - Ay^2 = r^m$, dans le cas particulier de $A + r = a^2$, et qui par conséquent peut servir à donner une infinité de solutions pour $x^2 - Ay^2 = z^m$, puisqu'il suffit de prendre $z + A$ égal à un carré quelconque.

Les équations de cette forme sont, il est vrai, comprises dans la seconde des équations générales ci-dessus mentionnées, mais leur résolution par les méthodes connues donnerait lieu à de longs calculs, même dans les cas les moins compliqués.

D'ailleurs, malgré la fécondité parfois téméraire de Fermat (*), il ne

---

(*) Fermat avait annoncé que, si l'on prenait pour x l'un des nombres de la progression 1, 2, 4, 8..., etc., la formule $2^x + 1$ donnait toujours des nombres *premiers*. Suivant une remarque d'Euler, rapportée par Legendre, cette assertion est fausse.

1.

nous a pas paru que l'analyse fût assez riche en propositions *délectables*, comme les appelaient nos pères, pour qu'il n'y eût pas à regretter l'omission d'une propriété à la fois élégante et simple.

Nous croyons de plus que le nouveau développement *continu* de $\sqrt{A}$, sur lequel nous nous appuyons, peut conduire à d'utiles applications; et, pour en citer une, il constitue un procédé d'approximation dans le calcul de la racine carrée d'un nombre. Les *réduites* de ce développement donnent, en effet, les valeurs approchées que l'on cherche, avec une grande rapidité, une fois que l'on a déterminé une partie importante de la racine (*)

Enfin notre théorème démontre la possibilité de représenter d'une infinité de manières, sous la forme du second degré $x^2 - Ay^2$, une puissance quelconque m d'un nombre donné r. Il suffit, en effet, de prendre A de telle sorte que $A + r$ soit égal à un carré. Cette dernière considération avait singulièrement éveillé notre attention par l'espoir d'en tirer parti pour la démonstration du théorème de Fermat; mais nous n'avons pu réussir encore à en obtenir rien de bien remarquable, ce qui nous a engagé à poursuivre les recherches que nous avons faites dans une autre voie, et dont nous avons déjà publié deux livres.

(*) Les méthodes, qui se rapportent à l'extraction de la racine carrée des nombres, ont, au point de vue pratique, un intérêt que n'ont pas les méthodes d'extraction, lorsqu'il s'agit de racines d'un degré plus élevé, parce que les procédés logarithmiques, qui s'appliquent avec tant de succès à l'extraction des racines des nombres en général, ne donnent pas toujours, pour les racines carrées en particulier, du moins avec les tables en usage, l'approximation qui convient aux questions un peu délicates, approximation d'ailleurs incertaine et mal définie.

NOUVELLE ESPÈCE DE FRACTIONS CONTINUES.

Le développement, que Lagrange a donné de $\sqrt{A}$, peut être présenté sous une autre forme, et de cette seconde forme découle presque immédiatement le théorème que nous avons à exposer.

Voici ce développement :

Soit $A = a^2 + r$, on a

$$\sqrt{A} = a + \sqrt{A} - a, \quad \text{ou} \quad \sqrt{A} = a + \frac{(\sqrt{A} - a)(\sqrt{A} + a)}{\sqrt{A} + a}, \quad \text{et} \quad \sqrt{A} = a + \frac{r}{\sqrt{A} + a}.$$

Si, dans le second membre de cette expression, on remplace $\sqrt{A}$ par le second membre lui-même, et que l'on continue ainsi dans les valeurs successives que l'on obtient pour le premier membre de l'égalité, on trouve

$$\sqrt{A} = a + \cfrac{r}{2a + \cfrac{r}{2a + \cfrac{r}{2a + \text{etc.}}}}$$

Cette nouvelle espèce de fractions *continues* ne diffère de celles que tout le monde connaît, que parce que le dénominateur incomplet des fractions *intégrantes* est constant, et que le numérateur de ces mêmes fractions, bien que constant lui-même, n'est pas nécessairement égal à l'unité.

Les *réduites* se forment d'après une loi facile à démontrer. On voit, en effet, qu'avec deux *réduites* consécutives $\frac{m}{m'}$, $\frac{n}{n'}$, on formera la suivante $\frac{p}{p'}$, en prenant $p = 2na + mr$, $p' = 2n'a + m'r$.

Si donc a^2 est un carré approché de A, les *réduites* de la fraction *continue* seront des valeurs de plus en plus approchées de $\sqrt{A}$ (*).

Nous laissons de côté ces considérations, du genre le plus élémentaire, pour arriver au théorème,

---

(*) Il est évident que, si $A = a^2 + r$, $\sqrt{A}$ est compris entre a et $a + \frac{r}{2a}$, quel que soit le signe de r. Voir la première note, page 10.

THÉORÈME .

Sur les réduites des nouvelles fractions *continues*.

Soit $\frac{m}{m'}$, une *réduite* de l'ordre u; je dis que l'on aura $m^2 - Am'^2 = r^u$, ou $m^2 - Am'^2 = -r^u$, suivant que u sera un nombre pair ou un nombre impair. Cette loi se vérifie immédiatement sur les premières *réduites*. Il est d'ailleurs évident que, si r était *négatif*, on n'aurait plus qu'un signe, et que l'égalité serait $m^2 - Am'^2 = r^u$, quel que fût le nombre entier u.

Tel est le principe qui nous a frappé.

Pour en démontrer la généralité, considérons les *réduites* consécutives

$$\frac{l}{l'}, \quad \frac{m}{m'}, \quad \frac{n}{n'}, \quad \frac{p}{p'};$$

et supposons la loi démontrée jusqu'à $\frac{p}{p'}$ exclusivement.

Des valeurs $n = 2ma + lr$, $n' = 2m'a + l'r$, il résulte :

$$n^2 - An'^2 = 4a^2(m^2 - Am'^2) + 4ar(lm - Al'm') + r^2(l^2 - Al'^2);$$

et, comme on a, par hypothèse, $n^2 - An'^2 = r^2(l^2 - Al'^2)$, il faut que l'on ait $a(m^2 - Am'^2) + r(lm - Al'm') = 0$.

Cela posé, à l'aide des valeurs $p = 2na + mr$, $p' = 2n'a + m'r$, on trouvera

$$p^2 - Ap'^2 = 4a^2(n^2 - An'^2) + 4ar(mn - Am'n') + r^2(m^2 - Am'^2),$$

résultat qui devient, si l'on remplace n et n' par leurs valeurs dans le second terme du second membre,

$$p^2 - Ap'^2 = 4a^2(n^2 - An'^2) + 8a^2r(m^2 - Am'^2) + 4ar^2(lm - Al'm') + r^2(m^2 - Am'^2).$$

Les trois premiers termes du second membre de cette égalité, pouvant se mettre sous la forme

$$4a^2[(n^2 - An'^2) + r(m^2 - Am'^2)] + 4ar[a(m^2 - Am'^2) + r(lm - Al'm')],$$

se réduisent à zéro, à cause de

$$n^2 - An'^2 + r(m^2 - Am'^2) = 0, \quad \text{et de} \quad a(m^2 - Am'^2) + r(lm - Al'm') = 0 :$$

il reste donc $p^2 - Ap'^2 = r^2(m^2 - Am'^2)$.

En conséquence, si $m^2 - Am'^2 = \pm r^{u-2}$, on aura $p^2 - Ap'^2 = \pm r^u$, ce qui démontre la loi.

Cette démonstration est celle qui se présente la première à l'esprit; mais en voici une autre qui nous paraît beaucoup plus simple.

Considérons les mêmes *réduites* $\frac{m}{m'}$, $\frac{n}{n'}$, $\frac{p}{p'}$, dont la dernière a pour expression

$$\frac{p}{p'} = \frac{2na + mr}{2n'a + m'r};$$

et désignons par y la valeur $\sqrt{A} + a$, dénominateur complet dont $2a$ n'est qu'une valeur approchée; nous aurons

$$\sqrt{A} = \frac{ny + mr}{n'y + m'r},$$

d'où l'on déduira

$$(n^2 - An'^2)y^2 + 2r(mn - Am'n')y + r^2(m^2 - Am'^2) = 0.$$

Mais de $y - a = \sqrt{A}$ on déduit également $y^2 - 2ay - r = 0$. En conséquence, puisque les deux équations ont les mêmes racines, on doit avoir

$$r\frac{mn - Am'n'}{n^2 - An'^2} = -a, \quad \text{et} \quad r^2\frac{m^2 - Am'^2}{n^2 - An'^2} = -r:$$

or cette dernière égalité donne

$$n^2 - An'^2 = -r(m^2 - Am'^2).$$

Ainsi, pour passer d'un résultat $m^2 - Am'^2$ au suivant $n^2 - An'^2$, il faut multiplier le premier par $-r$.

APPLICATIONS.

Nous nous bornerons à quelques réflexions.

D'abord la règle est facile à saisir, et peut se présenter comme il suit.

Supposons que l'on ait $A = a^2 + r$, r représentant un nombre *positif*, le développement sera

$$\sqrt{A} = a + \cfrac{r}{2a + \cfrac{r}{2a + \text{etc.}}};$$

et la réduite $\frac{m}{m'}$ de l'ordre u donnera $x = \pm m$, $y = \pm m'$ pour résoudre $x^2 - Ay^2 = r^u$, lorsque le nombre u sera pair, ou $x^2 - Ay^2 = -r^u$, lorsque le nombre u sera impair.

Mais, si l'on a $A = a^2 - r$, le développement sera

$$\sqrt{A} = a - \cfrac{r}{2a - \cfrac{r}{2a - \text{etc.}}};$$

et l'on aura $x = \pm m$, $y = \pm m'$ pour résoudre $x^2 - Ay^2 = r^u$, u étant égal au rang de la *réduite* $\frac{m}{m'}$.

Il suffit de faire attention à la forme de l'équation $x^2 - Ay^2 = \pm r^u$, pour comprendre que x et y ne peuvent avoir d'autres diviseurs *premiers* communs que ceux de r. D'un autre côté, il résulte de la loi de formation des termes des *réduites*, que ces termes ne peuvent avoir d'autres facteurs *premiers* communs, diviseurs de r, que ceux communs à r et à $2a$ (*). Il faut donc conclure de ces observations et de la condition $A = a^2 \pm r$, que les valeurs trouvées par notre méthode pour x et y, ne sauraient avoir d'autres diviseurs *premiers* communs, 2 excepté, que ceux communs à r et à A. En conséquence, toutes les fois que r sera *premier* avec A, les valeurs dont nous parlons seront *premières* entre elles si r est impair, et, s'il est pair, elles ne pourront avoir pour commun diviseur qu'une puissance de 2.

On peut appliquer aux exemples suivants :

$$x^2 - 29y^2 = 7^3; \qquad x^2 - 19y^2 = 3^4; \qquad x^2 - 31y^2 = -6^3;$$

et l'on trouvera, respectivement (**),

$$x = \pm 738, \quad y = \pm 137; \quad x = \pm 2441, \quad y = \pm 560; \quad x = \pm 590, \quad y = \pm 106.$$

Les solutions, ainsi obtenues, ne sont pas les seules que l'on puisse trouver par notre méthode. Nous les appellerons indépendantes de r, pour les distinguer de celles dont nous allons parler, et qui ont pour facteur commun une puissance de r.

Posons $x = r^v x'$, $y = r^v y'$, $2v$ étant moindre que $u + 1$; l'équation $x^2 - Ay^2 = \pm r^u$ deviendra, après la suppression du facteur commun r^{2v}, $x'^2 - Ay'^2 = \pm r^{u-2v}$; et, si l'on résout cette dernière équation, les valeurs

---

(*) En effet, pour former $\frac{p}{p'}$ à l'aide des *réduites* précédentes $\frac{n}{n'}$, $\frac{m}{m'}$, on a

$$p = 2na + mr, \qquad p' = 2n'a + m'r.$$

Ainsi on ne peut imaginer aucun diviseur *premier* de r, commun à p et à p', qui ne divise n et n', s'il ne divise $2a$. Or, divisant n et n', il diviserait l et l', puis h et h'... etc., et par conséquent les deux termes de la seconde *réduite* qui est $\dfrac{2a^2 + r}{2a}$.

(**) Voir, pour le calcul, la deuxième note, page 12.

de x', y', multipliées par r^ν, résoudront la proposée. On fera donc successivement

$$\nu = 1, \quad \nu = 2, \quad \nu = 3, \quad \ldots \quad \nu = \frac{u-2}{2} \quad \text{ou} \quad \nu = \frac{u-1}{2},$$

suivant que u sera un nombre pair ou un nombre impair, et les solutions se déduiront des *réduites,* dont le rang est indiqué par les nombres

$$u - 2, \quad u - 4, \quad u - 6, \quad \ldots \quad 3 \quad \text{ou} \quad 1.$$

Il suffira, pour les obtenir, de multiplier les deux termes de ces *réduites,* respectivement, par les facteurs

$$r, \quad r^2, \quad r^3, \quad \ldots \quad r^{\frac{u-2}{2}} \quad \text{ou} \quad r^{\frac{u-1}{2}}.$$

Si u était un nombre pair, et qu'on voulût trouver les solutions de la forme $x = r^{\frac{u}{2}} x'$, $y = r^{\frac{u}{2}} y'$, on aurait à résoudre l'équation $x'^2 - Ay'^2 = \pm 1$.

Enfin, pour trouver des nombres entiers qui résolvent l'équation $x^2 - Ay^2 = z^m$, on prendra pour z l'une quelconque des valeurs déterminées par la relation $A = a^2 - z$, et l'on cherchera x et y par la méthode précédente. On pourra même prendre $A = a^2 + z$, si m est pair ; mais, s'il s'agit de résoudre $x^2 - Ay^2 = - z^m$, il faudra d'abord que m soit impair, et l'on devra poser $A = a^2 + z$.

Nous terminons ce très-mince opuscule en faisant observer que notre théorie n'exclut aucune valeur *positive* de A qui peut être un carré parfait (*). Il resterait, il est vrai, à montrer comment chacune des solutions que nous venons d'enseigner à obtenir pour $x^2 - Ay^2 = r^m$, ou pour $x^2 - Ay^2 = - r^m$, peut, lorsque A n'est pas un carré parfait, servir à former une série infinie de solutions *semblables ;* mais, sur ce point, nous renvoyons aux notes qui suivent (**), et aux ouvrages de Legendre et de Gauss.

(*) Les auteurs ont considéré à part le cas où A est un carré parfait a^2. On procède alors à la résolution, par la décomposition en facteurs, ce qui conduit à deux équations du premier degré, $x - ay = \theta$, $x + ay = \dfrac{D}{\theta}$, θ étant un diviseur quelconque de D, qui ne surpasse pas $\sqrt{D}$. Il reste à prendre, s'il est possible, ce diviseur θ, de manière que x et y soient entiers.

(**) Voir la troisième note, page 13.

NOTES DU CINQUIÈME MÉMOIRE.

PREMIÈRE NOTE (*).

Principes sur les nouvelles fractions continues. — Application.

Si on considère la forme générale du développement

$$a + \cfrac{r}{2a + \cfrac{r}{2a + \text{etc.},}}$$

et les *réduites* consécutives d'un ordre quelconque $\frac{m}{m'}$, $\frac{n}{n'}$, $\frac{p}{p'}$, on trouve pour les différences de ces *réduites*,

$$\frac{m}{m'} - \frac{n}{n'} = \frac{mn' - nm'}{m'n'}, \qquad \frac{n}{n'} - \frac{p}{p'} = \frac{np' - pn'}{n'p'}.$$

Mais, à cause des valeurs de p et de p', on a $np' - pn' = (nm' - mn')r$, c'est-à-dire que les numérateurs des différences se forment les uns des autres : il suffit, pour les former, de multiplier par $-r$ celui qui précède immédiatement.

Or, si on soustrait la seconde *réduite* $\frac{2a^2 + r}{2a}$ de la première $\frac{a}{1}$, le numérateur de la différence est $-r$; donc les numérateurs suivants seront r^2, $-r^3$, ... etc.; de sorte que, si l'on cherche la différence entre la *réduite* de l'ordre u et celle qui la suit immédiatement, le numérateur de cette différence sera r^u ou $-r^u$, suivant que le nombre u sera pair ou impair (**).

Cela posé, comme, dans l'hypothèse de $A = a^2 + r$, quel que soit le signe de r, la valeur de $\sqrt{A}$ est toujours comprise entre deux *réduites* consécutives, si on prend la *réduite* $\frac{p}{p'}$ de l'ordre u pour la valeur de $\sqrt{A}$, l'erreur commise sera moindre que $\frac{r^u}{n'p'}$, et, à plus forte raison, que $\frac{r^u}{n'^2}$. Il résulte de là un moyen simple pour trouver une limite du degré d'approximation que l'on obtient, lorsque, dans le calcul de $\sqrt{A}$, on s'arrête à une *réduite* de l'ordre u.

(*) Cette note a été annoncée à la page 5.

(**) Il faut cependant faire cette restriction que les *réduites* n'auront pas été simplifiées.

Mais, si l'on veut connaître approximativement dans quel rapport varie, d'une *réduite* à l'autre, cette limite de l'erreur commise, il suffit, pour s'en rendre compte, de comparer deux différences successives dont les valeurs, abstraction faite du signe, sont

$$\frac{mn' - m'n}{m'n'}, \qquad \frac{(mn' - m'n)\, r}{n'p'};$$

et l'on voit que, pour passer de l'une à l'autre, il faut multiplier la première par $\frac{m'r}{p'}$ ou $\frac{m'r}{2an' + m'r}$, qui est la même chose que $\frac{m'r}{4a^2 m' + 2al'r + m'r}$. Cette dernière expression, étant moindre que $\frac{r}{4a^2}$, est inférieure à $\frac{1}{2a}$, puisque r est au plus égal à $2a$ (*).

Ainsi on pourra connaître, dans chaque cas, l'utilité qu'il y aurait à prendre une *réduite* de plus, et l'on pourra même décider, à l'avance, suivant le degré d'approximation réclamé par la question, l'ordre de la *réduite* à laquelle il convient de s'arrêter.

Il est clair que la méthode pour trouver $\sqrt{A}$, lorsque l'on part de $A = a^2 + r$, offrira d'autant plus d'avantage que r sera petit relativement à a.

Proposons-nous de chercher la racine carrée de 31, en prenant $31 = 25 + 6$, bien qu'il fût préférable, pour la rapidité du calcul, de prendre $31 = 36 - 5$; on a aussitôt

$$\sqrt{31} = 5 + \cfrac{6}{10 + \cfrac{6}{10 + \text{etc.}}};$$

et, si l'on fait abstraction de la partie entière, on trouve pour les *réduites* :

$$\frac{6}{10}; \quad \frac{60}{106}; \quad \frac{636}{1120}; \quad \frac{6720}{11836}; \quad \frac{71016}{125080}; \quad \frac{750480}{1321816} ...; \text{ etc.}$$

dont les valeurs décimales sont respectivement

$$0,6; \quad 0,566...; \quad 0,56785...; \quad 0,567759...; \quad 0,5677646...; \quad 0,567764348...; \text{ etc.}$$

(*) Comme des deux carrés consécutifs qui comprennent le nombre A, on peut toujours choisir celui des deux qui donne le moindre reste r, ce dernier sera moindre que $a + 1$, puisque la somme des deux restes est $2a + 1$. Avec cette attention, $\frac{r}{4a^2}$ ne saurait excéder $\frac{1}{4a}$.

Mais, si l'on prend un chiffre décimal de plus, et qu'on pose $a = 5,5$, on trouvera le développement

$$\sqrt{31} = 5,5 + \cfrac{0,75}{11 + \cfrac{0,75}{11 + \text{etc.,}}}$$

dont les *réduites,* abstraction faite de a, sont

$$\frac{75}{1100}; \qquad \frac{825}{12175}; \qquad \frac{913125}{13475000}.$$

Si on les convertit en décimales, et qu'on leur ajoute 5,5, on obtient, pour $\sqrt{31}$, les valeurs approchées

$$5,568; \qquad 5,567761; \qquad 5,56776437.$$

Enfin, en prenant encore, pour a, un chiffre décimal de plus, on a

$$\sqrt{31} = 5,56 + \cfrac{0,0864}{11,12 + \cfrac{0,0864}{11,12 + \text{etc.,}}}$$

et l'on trouve les *réduites*

$$\frac{864}{111200}, \qquad \frac{960768}{123740800}, \ldots$$

dont les valeurs décimales, augmentées de 5,56, sont

$$5,567769\ldots; \qquad 5,567764367\ldots.$$

Le calcul par logarithmes, avec les tables de Callet, donne, pour cette racine de 31, la valeur approchée 5,5677647, dont le septième chiffre décimal est inexact; encore faut-il faire une division pour trouver les trois derniers chiffres, car les tables ne donnent que cinq chiffres.

Les tables à cinq décimales de Reynaud donnent 5,56775, valeur inexacte au cinquième chiffre décimal, et dont les deux derniers chiffres ont nécessité une division.

DEUXIÈME NOTE (*).

Détail du calcul précédemment annoncé.

1er EXEMPLE :
$$x^2 - 29y^2 = 7^2, \qquad \sqrt{29} = 6 - \cfrac{7}{12 - \cfrac{7}{12 - \text{etc.}}}$$

Réduites :
$$\frac{6}{1}, \qquad \frac{65}{12}, \qquad \frac{738}{137}.$$

(*) Cette note a été indiquée à la page 8.

2e EXEMPLE : $\qquad x^2 - 19y^2 = 3^4,\qquad \sqrt{19} = 4 + \cfrac{3}{8 + \cfrac{3}{8 + \text{etc.}}}$

Réduites : $\qquad \dfrac{4}{1},\quad \dfrac{35}{8},\quad \dfrac{292}{67},\quad \dfrac{2441}{560}.$

3e EXEMPLE : $\qquad x^2 - 31y^2 = -6^3,\qquad \sqrt{31} = 5 + \cfrac{6}{10 + \cfrac{6}{10 + \text{etc.}}}$

Réduites : $\qquad \dfrac{5}{1},\quad \dfrac{56}{10},\quad \dfrac{590}{106}.$

Les solutions dépendantes de r, obtenues par le même calcul, seraient

pour le premier exemple......... $x = \pm\,7.6$, $y = \pm\,7.1$;
pour le deuxième exemple....... $x = \pm\,3.35$; $y = \pm\,3.8$;
et pour le troisième .... $x = \pm\,6.5$, $y = \pm\,6.1.$

TROISIÈME NOTE (*).

Résumé des méthodes de Lagrange et de Gauss. — Observation importante.
Application de ces méthodes aux équations qui ont servi d'exemples.

Nous ne pouvons évidemment, ne fût-ce que pour la comparaison des procédés, quitter un pareil sujet, sans appliquer au cas particulier que nous avons traité, les méthodes générales données pour la résolution de l'équation $x^2 - Ay^2 = \pm\,D$, et dont nous sommes redevables au génie de Lagrange et de Gauss. Ces méthodes nous paraissent d'ailleurs connues de peu de personnes, bien que chacun s'imagine qu'elles le sont de tout le monde.

Nous nous bornerons au cas où les solutions sont des nombres *premiers* entre eux, tous les autres cas pouvant se ramener à celui-là. A est d'ailleurs un nombre *positif*, non carré (**).

MÉTHODE DE LAGRANGE.

Legendre, où nous trouvons la méthode de Lagrange, considère deux cas, celui de $D < \sqrt{A}$, et celui de $D > \sqrt{A}$. Nous les résumons de la manière suivante :

PREMIER CAS. On développe $\sqrt{A}$ en fraction *continue*, et les *réduites*

(*) Cette note a été annoncée à la page 9.
(**) Voir la petite observation au bas de la page 9.

qui correspondent aux quotients complets dont le dénominateur est D, fournissent des valeurs qui résolvent la proposée, de telle sorte que, si la *réduite* $\frac{p}{q}$ correspondant à un de ces quotients complets, est plus grande que $\sqrt{A}$, ses deux termes p et q satisfont à l'équation $x^2 - Ay^2 = D$; et que, si au contraire elle est moindre que $\sqrt{A}$, ses deux termes sont une solution de $x^2 - Ay^2 = -D$. Comme les *réduites* sont alternativement moindres ou plus grandes que $\sqrt{A}$, le rang d'une *réduite* suffit pour fixer les idées à cet égard.

Le développement de $\sqrt{A}$ en fraction *continue* étant toujours périodique, on doit développer l'étendue d'une période entière. S'il ne s'y trouve aucun quotient complet dont le dénominateur soit D, il ne s'en trouvera dans aucune autre période; et alors aucune des deux équations $x^2 - Ay^2 = \pm D$ ne sera résoluble. S'il s'en trouve un ou plusieurs, ce qui est possible dans le cas général, ces mêmes quotients se reproduiront dans toutes les périodes, et les *réduites* correspondantes fourniront ainsi une infinité de solutions, mais pouvant toutes se déduire des premières, respectivement, par une loi fort ingénieuse.

En effet, puisque A est un nombre entier non carré et *positif*, l'équation $\Phi^2 - A\Psi^2 = 1$ est toujours résoluble, d'une infinité de manières, par le simple développement de $\sqrt{A}$; et, si l'on appelle φ et ψ l'une de de ces solutions, celle des moindres nombres par exemple, toutes les autres se déduisent de celle-là, au moyen de la série *récurrente* (*)

(*) Cette série se reconnaît immédiatement, sans le développement du binôme, de la manière suivante :

Les équations $\Phi + \sqrt{A}\,\Psi = (\varphi + \sqrt{A}\,\psi)^m$, $\Phi - \sqrt{A}\,\Psi = (\varphi - \sqrt{A}\,\psi)^m$ donnent :

$$\Phi = \frac{(\varphi + \sqrt{A}\,\psi)^m + (\varphi - \sqrt{A}\,\psi)^m}{2}, \qquad \sqrt{A}\,\Psi = \frac{(\varphi + \sqrt{A}\,\psi)^m - (\varphi - \sqrt{A}\,\psi)^m}{2}.$$

Or l'expression $(\varphi + \sqrt{A}\,\psi)^m + (\varphi - \sqrt{A}\,\psi)^m$ peut être mise sous la forme

$$[(\varphi + \sqrt{A}\,\psi)^{m-1} + (\varphi - \sqrt{A}\,\psi)^{m-1}]\,[(\varphi + \sqrt{A}\,\psi) + (\varphi - \sqrt{A}\,\psi)]$$
$$- [(\varphi + \sqrt{A}\,\psi)^{m-2} + (\varphi - \sqrt{A}\,\psi)^{m-2}]\,(\varphi + \sqrt{A}\,\psi)\,(\varphi - \sqrt{A}\,\psi);$$

de sorte qu'en substituant Φ_μ à $\dfrac{(\varphi + \sqrt{A}\,\psi)^\mu + (\varphi - \sqrt{A}\,\psi)^\mu}{2}$, et réduisant, on trouve

$$\Phi_m = 2\varphi\,\Phi_{m-1} - \Phi_{m-2}.$$

On trouve de même
$$\Psi_m = 2\varphi\,\Psi_{m-1} - \Psi_{m-2}.$$

$$\Phi + \sqrt{\overline{A}}\,\Psi = (\varphi + \sqrt{\overline{A}}\,\psi)^m,$$

de telle sorte que pour avoir Φ_1, Ψ_1; Φ_2, Ψ_2; Φ_3, Ψ_3; ... etc., il suffit de faire successivement $m = 1$; $m = 2$; $m = 3$; ... etc. Les séries, qui donnent ces valeurs de Φ et de Ψ, ont, l'une et l'autre, pour *échelle de relation*, 2φ et -1.

Soit donc p et q une solution quelconque de $x^2 - Ay^2 = D$, ou de $x^2 - Ay^2 = -D$, on obtiendra toutes les solutions qui se rapportent périodiquement à celle-là, au moyen des formules générales

$$x = p\Phi \pm Aq\Psi, \qquad y = p\Psi \pm q\Phi,$$

dans lequelles le signe de Ψ peut être changé à volonté, et qui sont, du reste, faciles à vérifier par la simple substitution.

DEUXIÈME CAS. Dans l'hypothèse de $D > \sqrt{\overline{A}}$, il faut recourir à la méthode générale donnée pour l'équation complète $Lx^2 + Mxy + Ny^2 = \pm D$ dans le cas particulier de $M^2 - 4LN = 4A$. On transforme cette équation, en posant $x = ny + Du$, et en prenant n de manière que $n^2 - A$ soit D ou un multiple de D. On la ramène ainsi pour chaque valeur de n comprise dans les limites de $-\frac{D}{2}$ à $\frac{D}{2}$, à la forme $ay^2 + byu + cu^2 = \pm 1$ que l'on résout en développant l'une des racines de $ay^2 + by + c = 0$ en fraction *continue*. Les *réduites* correspondant aux quotients complets dont le dénominateur est D, résolvent l'une ou l'autre des équations $ay^2 + byu + cu^2 = \pm D$, selon le rang de la *réduite*. Connaissant y et u, on en déduit facilement la valeur de x. Lorsque $M = 0$ dans la proposée, on n'a besoin de considérer que les valeurs *positives* de n, parce que les valeurs *négatives* conduiraient au développement des mêmes racines, et que les deux racines d'une équation du second degré donnent la même série.

Une fois que l'on aura déterminé une solution p, q, pour chaque valeur de n, de $-\frac{D}{2}$ à $\frac{D}{2}$, chacune de ces solutions servira à former une série de solutions *semblables* au moyen des formules

$$x = p\Phi \pm Aq\Psi, \qquad y = p\Psi \pm q\Phi;$$

ce qui dispense de développer la fraction *continue* au delà d'une période. Φ et Ψ représentent d'ailleurs, comme nous l'avons dit précédemment, les diverses solutions de $\Phi^2 - A\Psi^2 = 1$, et se déduisent d'une seule solution

φ, ψ, supposée connue, à l'aide de la relation $\Phi + \sqrt{A}\Psi = (\varphi + \sqrt{A}\psi)^m$, par la variation de m.

Il est clair que, s'il ne se trouvait aucune valeur de n, l'équation ne saurait être résolue.

MÉTHODE DE GAUSS.

La méthode appliquée à l'équation générale $ax^2 + 2bxy + cy^2 = D$, dans le cas de $b^2 - ac = A$, exige d'abord que D, quel que soit son signe, soit un *résidu quadratique* de A, c'est-à-dire que l'on puisse satisfaire à la condition $N^2 = D + At$. Si cette condition, qui revient du reste à celle que donne Lagrange pour la détermination de n dans le deuxième cas, n'est pas remplie, l'équation ne peut être résolue. Si elle est satisfaite, on cherche alors, pour chaque valeur de N, séparément, les valeurs de x et de y qui peuvent ramener la forme $ax^2 + 2bxy + cy^2$ à la forme $Dx^2 + 2Nxy + \dfrac{N^2 - A}{D} y^2$; et, si cette condition est satisfaite *proprement* (*) par $x = \alpha x' + \beta y'$, $y = \gamma x' + \delta y'$ les valeurs $x = \alpha$, $y = \gamma$ sont une solution de la proposée.

Dans l'application du procédé, on se borne aux valeurs de N *positives* ou *négatives*, qui numériquement ne sont pas supérieures à $\dfrac{D}{2}$. La transformation définitive s'obtient au moyen de transformations successives dont nous avons longtemps hésité à donner la règle, parce que nous désespérons de la donner avec une clarté suffisante.

Pour opérer ces transformations successives, on passe de la forme $ax^2 + 2bxy + cy^2$ ainsi représentée (a, b, c), suivant Gauss, à la forme (a', b', c'), en posant $b + b' = ha'$ et $c' = \dfrac{b'^2 - A}{a'}$, h devant être déterminé de telle sorte que b' soit compris entre $\sqrt{A}$ et $\sqrt{A} - a'$, si a' est *positif*, ou entre $\sqrt{A}$ et $\sqrt{A} + a'$, si a' est *négatif*. On continue ainsi, de forme en forme, jusqu'à ce qu'on en trouve une, ce qui arrive infailliblement, dans laquelle le troisième terme ne soit pas plus petit que le premier, et qui prend le nom de forme *réduite*, dans la langue de Gauss.

(*) Expression de Gausse qui signifie que $\alpha\delta - \beta\gamma$ est plus grand que zéro.

Si, à partir de cette forme *réduite*, on continue le même mode de transformation, on obtient la *période* toujours composée d'un nombre limité de formes, au delà desquelles elle se reproduit.

Cela posé, on commence les transformations de $\left(D, N, \dfrac{N^2 - A}{D}\right)$ jusqu'à la *réduite*. On opère alors sur la proposée (a, b, c) jusqu'à la *réduite* d'abord; puis, en continuant, on forme sa période, jusqu'à ce qu'on rencontre, s'il est possible, la *réduite* de l'autre forme. Le but étant de trouver une forme commune aux deux suites, le travail s'abrégera de lui-même, si cette forme commune vient à se déclarer dans les deux suites, avant la formation de la période.

Il en résulte alors une série de formes qui commencent à (a, b, c), et se terminent à $\left(D, N, \dfrac{N^2 - A}{D}\right)$; mais, pour la réaliser, il faut avoir soin de supprimer la forme commune, et de prendre dans un ordre inverse, pour faire suite aux formes déduites de (a, b, c), les formes qui proviennent de $\left(D, N, \dfrac{N^2 - A}{D}\right)$. Il faut, de plus, dans chacune de ces dernières, remplacer le signe du terme moyen par un signe contraire, et faire changer de place entre eux aux termes extrêmes. C'est ce que Gauss appelle substituer à ces formes les *opposées* de leurs *associées*.

Toutes ces formes, dans leur enchaînement ainsi défini, ont, de l'une à l'autre, une relation constante que voici, c'est que le premier terme de chacune d'elles est égal au dernier terme de la forme précédente, et que la somme des deux termes moyens considérés dans deux formes consécutives, est exactement divisible par le terme qui leur est commun. Ces conditions, jointes à ce que, dans tous ces trinômes, $b^2 - ac = A$ (*), assurent ce que Gauss entend par leur *équivalence propre*, c'est-à-dire la propriété qu'elles ont de donner les représentations du nombre D, qui appartiennent à la valeur N de $\sqrt{A}$ (mod. D).

Voici, dès lors, l'*algorithme* particulier qui sert à déterminer les valeurs α, β, γ, δ dont on a besoin pour passer, directement, de la première forme à l'une quelconque de celles qui la suivent.

(*) Suivant la dénomination de Gauss, ces formes sont *contiguës*.

3

Représentons les formes trinomes successives par

$$(a, b, a'); \qquad (a', b', a''); \qquad (a'', b'', a'''); \quad \ldots \text{ etc.};$$

et posons $\dfrac{b + b'}{a'} = h'$; $\qquad \dfrac{b' + b''}{a''} = h''$; $\qquad \dfrac{b'' + b'''}{a'''} = h'''$; $\ldots$ etc.;

on aura, pour déterminer les valeurs

$$\alpha', \beta', \gamma', \delta'; \qquad \alpha'', \beta'', \gamma'', \delta''; \qquad \alpha''', \beta''', \gamma''', \delta'''; \quad \ldots \text{ etc.}$$

propres à faire passer directement de la première forme à celles qui la suivent, la loi de formation indiquée dans le tableau que voici :

$$
\begin{aligned}
&\alpha' = 0 \ ; & &\beta' = -1 \ ; & &\gamma' = 1 \ ; & &\delta' = h' \ ; \\
&\alpha'' = \beta' \ ; & &\beta'' = h''\beta' \ ; & &\gamma'' = \delta' \ ; & &\delta'' = h''\delta' - 1 \ ; \\
&\alpha''' = \beta'' \ ; & &\beta''' = h'''\beta'' - \beta' \ ; & &\gamma''' = \delta'' \ ; & &\delta''' = h'''\delta'' - \delta' \ ; \\
&\ldots \ ; & &\ldots \ ; & &\ldots \ ; & &\ldots \ ; \\
&\text{etc.} \ ; & &\text{etc.} \ ; & &\text{etc.} \ ; & &\text{etc.}
\end{aligned}
$$

A l'aide de cet algorithme facile à saisir, on pourra former les valeurs $\alpha, \beta, \gamma, \delta$ dont on a besoin pour passer, directement, de la forme (a, b, c) à la forme $\left(D, N, \dfrac{N^2 - A}{D}\right)$, et alors $x = \alpha$, $y = \gamma$ seront une solution de la proposée.

Il y en aura ainsi une pour chaque valeur de N, *positive* ou *négative*, dans les limites de $-\dfrac{D}{2}$ à $\dfrac{D}{2}$, toutes les fois que la *réduite* de $\left(D, N, \dfrac{N^2 - A}{D}\right)$ se trouvera dans la période de (a, b, c). Ces diverses solutions obtenues, on aura toutes celles qui en dépendent respectivement, à l'aide des formules

$$x = \alpha t - \gamma A u, \qquad y = \gamma t - \alpha u,$$

t et u étant des valeurs quelconques propres à résoudre $T^2 - AU^2 = 1$, lesquelles se déduisent les unes des autres, au moyen de la loi déjà plusieurs fois indiquée, pourvu qu'on connaisse un seul système de ces valeurs (*).

Lorsque le second terme manque dans l'équation à résoudre, il suffit de considérer les valeurs *positives* de N jusqu'à $\dfrac{D}{2}$. En effet, suivant les principes de Gauss, les formes *opposées* $\left(D, N, \dfrac{N^2 - A}{D}\right)$, $\left(D, -N, \dfrac{N^2 - A}{D}\right)$ sont *équivalentes proprement* et *improprement* puisque la proposée $(a, 0, c)$

(*) Nous avons respecté, autant que possible, les notations dont se sont servis les auteurs.

est *ambiguë*. Le calcul conduirait donc à la même série, bien que par des routes différentes.

A ceux qui n'ont pas l'habitude de cette langue difficile, qui n'a guère été parlée que par celui qui l'a faite, il suffit de dire que, si les valeurs $x = \alpha x' + \beta y'$, $y = \gamma x' + \delta y'$, substituées dans la proposée (a, o, c), donnent naissance à la forme $\left(D, N, \dfrac{N^2 - A}{D}\right)$ quand on prend $\beta = \dfrac{N\alpha - c\gamma}{D}$, $\delta = \dfrac{N\gamma + a\alpha}{D}$, les mêmes valeurs font naître la forme $\left(D, -N, \dfrac{N^2 - A}{D}\right)$ lorsqu'on remplace N par — N dans les expressions de β et de δ. La *réciproque* étant vraie, il y a nécessairement autant de transformations d'une espèce que de l'autre, de sorte qu'on trouvera les mêmes solutions pour la représentation de D, quel que soit celui des deux modes de calcul que l'on aura voulu suivre.

Telles sont les méthodes dont nous ne pouvons faire qu'un résumé rapide; le procédé que nous avons donné pour résoudre $x^2 - Ay^2 = r^m$, réussit toujours, dans le cas particulier de $A = a^2 + r$, si m est pair, et dans celui de $A = a^2 - r$, quel que soit m; et, lorsqu'il s'agit de l'équation $x^2 - Ay^2 = -r^m$, il réussit encore dans le cas de $A = a^2 + r$, pourvu que m soit impair.

Les solutions indépendantes de r et celles qui en dépendent, si faciles à découvrir par notre méthode, servent à déterminer toutes celles qui leur sont *semblables* avec le secours des formules déjà citées. Notre principe met donc en évidence, dans les cas particuliers que nous avons indiqués, la possibilité de résoudre les équations de la forme $x^2 - Ay^2 = \pm r^m$, et les diverses formes de solutions que l'on peut toujours obtenir, ce que les méthodes connues jusqu'ici n'établissent qu'après les calculs laborieux tentés pour leur résolution. Mais on peut se demander si, dans ces mêmes cas particuliers, les méthodes générales que nous avons essayé de reproduire, ne feraient pas découvrir plusieurs séries de solutions là où nous n'en trouvons qu'une, de sorte qu'il reste à faire voir qu'il n'en peut exister qu'une de chaque espèce. Nous ferons observer à cet égard que les méthodes de Gauss et de Legendre, pour trouver un carré N^2 égal à $A + Dt$, conduisent, dans l'hypothèse de $D = \pm r^m$, à une expression de la forme $N = r^m t + A$, et qu'ainsi, avec la condition imposée à N de

3.

ne pas dépasser $\frac{r^m}{2}$, il ne saurait exister qu'une valeur de N, et, partant, qu'une seule série de valeurs. Il est vrai que le premier cas traité par Legendre, celui de $D < \sqrt{A}$, échappe à ce raisonnement, puisque, dans cette hypothèse, il procède au développement de $\sqrt{A}$, sans aucune transformation préalable; mais Gauss n'établit pas cette distinction, et il est d'ailleurs évident que la méthode proposée par Legendre pour le cas de $D > \sqrt{A}$, bien que plus longue dans la pratique, n'en est pas moins applicable au premier cas de $D < \sqrt{A}$.

Application de la méthode de Lagrange aux équations qui ont servi d'exemples.

1° $x^2 - 29y^2 = 7^3$. On pose $x = ny - 343z$, n est un nombre qui ne peut excéder $\frac{343}{2}$, et assujetti à la condition de rendre $n^2 - 29$ divisible par 343. La valeur $n = 83$, que l'on trouve, donne la transformée $20y^2 - 166yz + 343z^2 = 1$. Pour résoudre celle-ci, il faut développer l'une des racines de $20y^2 - 166y + 343 = 0$, jusqu'à la première *réduite*, de rang pair, correspondant au quotient complet dont le dénominateur est 1. Si on développe la plus grande des deux racines, savoir $r = \frac{83 + \sqrt{29}}{20}$, la *réduite* cherchée est $\frac{137}{31}$, et donne par conséquent $z = 31$, $y = 137$, et, par suite, $x = 738$ (*).

Si maintenant on appelle Φ et Ψ les diverses solutions de $\Phi^2 - 29\Psi^2 = 1$, toutes les solutions *semblables* de la proposée seront données par les formules

$$x = 738\Phi \pm 29.137.\Psi, \qquad y = 738\Psi \pm 137\Phi.$$

Quant aux valeurs de Φ et de Ψ, le développement de $\sqrt{29}$ donne, pour la première *réduite* de rang pair, correspondant au quotient complet

---

(*) Si on développait l'autre racine $\frac{83 - \sqrt{29}}{20}$, on trouverait, pour première solution, $x = 2278$, $y = 423$, solution comprise dans les formules générales qui suivent, où il suffit de faire $\Phi = 9801$, $\Psi = 1820$.

$\frac{\sqrt{29}+5}{1}$ (*), le nombre fractionnaire $\frac{9081}{1820}$, dont les deux termes devront être substitués à φ et à ψ dans la formule $\Phi + \sqrt{29}\,\Psi = (\varphi + \sqrt{29}\,\psi)^m$ destinée à déterminer les quantités dont il s'agit.

$2°$ $x^2 - 19y^2 = 34$. On pose $x = ny - 81z$, et l'on trouve $n = 10$, d'où

$$y^2 - 20yz + 81z^2 = 1, \quad \text{ou} \quad (y - 10z)^2 - 19z^2 = 1.$$

Tout se réduit donc à résoudre $y'^2 - 19z^2 = 1$. Pour cela on développe $\sqrt{19}$, et l'on trouve $\frac{170}{39}$ pour la *réduite* qui correspond au premier quotient complet ayant 1 pour dénominateur, lequel est $\frac{\sqrt{19}+4}{1}$. Comme cette *réduite* est de rang pair, elle résout l'équation $\Phi^2 - 19\Psi'^2 = 1$, et, par conséquent, $y'^2 - 19z^2 = 1$. On a donc $z = 39$, $y' = 170$, $y = 560$, $x = 2441$.

Pour obtenir maintenant toutes les solutions *semblables* de la proposée, on aura les formules

$$x = 2441\Phi \pm 19.560\Psi, \qquad y = 2441\Psi \pm 560\Phi,$$

en désignant par Φ et Ψ les solutions diverses de $\Phi^2 - 19\Psi'^2 = 1$, solutions que l'on peut déduire du système $\varphi = 170$, $\psi = 39$, à l'aide de $\Phi + \sqrt{19}\,\Psi = (\varphi + \sqrt{19}\,\psi)^m$, en faisant varier m.

$3°$ $x^2 - 31y^2 = -216$. x et y, ne pouvant être impairs ni l'un ni l'autre, doivent être de la forme $2x'$, $2y'$. Il s'agit donc de résoudre $x'^2 - 31y'^2 = -54$. En posant $x = ny - 54z$, on trouve $n = 25$, et, pour la transformée, $11y'^2 - 50y'z + 54z^2 = -1$. Si nous développons alors l'une des racines de $11y'^2 - 50y' + 54 = 0$, la *réduite* qui correspond au premier quotient complet $\frac{\sqrt{31}+5}{1}$, est $\frac{25}{9}$; et, comme elle est de rang impair, et par conséquent moindre que la racine développée, on a, pour résoudre la transformée, $y' = 25$ et $z = 9$, d'où l'on déduit $x' = 139$, et, par suite, $x = 278$, $y = 50$ pour résoudre la proposée.

Pour obtenir les autres solutions de même espèce, il faut résoudre $\Phi^2 - 31\Psi^2 = 1$. On trouve, en développant $\sqrt{31}$, pour la *réduite* qui

---

(*) La première réduite correspondant au quotient complet $\frac{\sqrt{29}+5}{1}$, est $\frac{70}{13}$; mais elle est de rang impair, et serait une solution de $x^2 - 29y^2 = -1$.

correspond au premier quotient complet $\dfrac{\sqrt{31}+5}{1}$, la valeur $\dfrac{1520}{273}$. Or cette *réduite* est plus grande que $\sqrt{31}$; on a donc, pour premier système, $\varphi = 1520$, $\psi = 273$; et les autres s'obtiendront au moyen de la relation $\Phi + \sqrt{31}\,\Psi = (\varphi + \sqrt{31}\,\psi)^m$. Ainsi l'expression générale des solutions cherchées sera

$$x = 278\Phi \pm 31.50\Psi, \quad y = 278\Psi \pm 50\Phi.$$

Si l'on fait $\Phi = 1520$ et $\Psi = 273$, et qu'on change les signes, on trouve $x = 590$, $y = 106$.

Application de la méthode de Gauss aux mêmes équations.

1° $x^2 - 29y^2 = 7^3$. Gauss donne une méthode pour trouver un carré N^2 dont A soit *résidu* suivant le *module* p^m, mais avec la condition indispensable que A soit *résidu* de p, ce qui est ici l'hypothèse.

Cette méthode conduit à $N = 83$, de sorte que la transformée $\left(D, N, \dfrac{N^2 - A}{D}\right)$ est $(343, 83, 20)$.

Cela posé, voici la suite du calcul :

Formes de $\left(D, N, \dfrac{N^2 - A}{D}\right)$ jusqu'à sa *réduite* : $(343, 83, 20)$; $(20, -3, -1)$; $(-1, 5, 4)$.

Formes de $x^2 - 29y^2$ jusqu'à sa *réduite* : $(1, 0, -29)$; $(-29, 0, 1)$.

Période de $(-29, 0, 1)$ jusqu'à la *réduite* $(-1, 5, 4)$:

$(-29, 0, 1)$; $(1, 5, -4)$; $(-4, 3, 5)$; $(5, 2, -5)$; $(-5, 3, 4)$; $(4, 5, -1)$; $(-1, 5, 4)$.

Formes successives et continues de $(1, 0, -29)$ à $(343, 83, 20)$:

$(1, 0, -29)$; $(-29, 0, 1)$; $(1, 5, -4)$; $(-4, 3, 5)$; $(5, 2, -5)$; $(-5, 3, 4)$; $(4, 5, -1)$; $(-1, 3, 20)$; $(20 - 83, 343)$; $(343, 83, 20)$.

Valeurs de	α,	β,	γ,	δ:
	0,	— 1,	1,	0;
	— 1,	— 5,	0,	— 1;
	— 5,	11,	— 1,	2;
	11,	16,	2,	3;
	16,	— 27,	3,	— 5;
	— 27,	— 70,	— 5,	— 13;
	— 70,	587,	— 13,	109;
	587,	— 2278,	109,	— 423;
	— 2278,	— 587,	— 423,	— 109.

On aura donc, en changeant le signe, $x = 2278$, $y = 423$; et toutes les solutions semblables s'obtiendraient par les formules

$$x = 2278t - 29.423u, \qquad y = 423t - 2278u,$$

dans lesquelles t et u sont une solution quelconque de $T^2 - 29U^2 = 1$. Si on prend $t = 9801$ et $u = 1820$, on trouve la solution $x = 738$, $y = 137$, obtenue par l'autre méthode.

$2°$ $x^2 - 19y^2 = 3^4$. On trouve d'abord $N = 10$.

Formes de $\left(D, N, \dfrac{N^2 - A}{D}\right)$ jusqu'à sa *réduite* : $(81, 10, 1)$; $1, 4, -3$); $(-3, 2, 5)$.

Formes de $x^2 - 19y^2 = 3^4$ jusqu'à sa *réduite*: $(1, 0, -19)$; $(-19, 0, 1)$;

Période de $(-19, 0, 1)$ jusqu'à la *réduite* $(-3, 2, 5)$:

$$(-19, 0, 1); \qquad (1, 4, -3); \qquad (-3, 2, 5).$$

L'apparition d'une forme commune aux deux suites, savoir $(1, 4, -3)$, avant la *réduite* $(-3, 2, 5)$, abrége un peu le travail.

Formes successives et continues de $(1, 0, -19)$ à $(81, 10, 1)$:

$$(1, 0, -19); \qquad (-19, 0, 1); \qquad (1, -10, 81); \qquad (81, 10, 1).$$

Calcul des valeurs

α,	$\mathfrak{b}$,	γ,	δ :
0,	-1,	1,	0 ;
-1,	10,	0,	-1 ;
10,	1,	-1,	0 ;

d'où il résulte $\qquad x = 10, \qquad y = -1.$

Les valeurs *semblables* seront données par les formules générales

$$x = 10t - 19u, \qquad y = t - 10u;$$

et, si on prend $t = 170$, $u = -39$, valeurs qui résolvent $T^2 - 19U^2 = 1$, on trouve $x = 2441$, $y = 560$, solution déjà trouvée.

$3°$ $x^2 - 31y^2 = -216$, ou plutôt $x'^2 - 31y'^2 = -54$, puisqu'il faut poser $x = 2x'$, $y = 2y'$. On trouve d'abord $N = 25$.

Formes de $\left(D, N, \dfrac{N^2 - A}{D}\right)$: $(-54, 25, -11)$; $(-11, -3, 2)$; $(2, 5, -3)$.

Formes de $(1, 0, -31)$ jusqu'à la forme $(2, 5, -3)$:

$(1, 0, -31)$; $(-31, 0, 1)$; $(1, 5, -6)$; $(-6, 1, 5)$; $(5, 4, -3)$; $(-3, 4, 2)$; $(2, 5 - 3)$.

Formes continues de $x^2 - 31y^2$ jusqu'à la forme $\left(D, N, \dfrac{N^2 - A}{D} \right)$:

$(1, 0, -31)$; $\quad$ $(-31, 0, 1)$; $\quad$ $(1, 5, -6)$; $\quad$ $(-6, 1, 5)$; $\quad$ $(5, 4, -3)$;

$(-3, 5, 2)$; $\quad$ $(2, 3, -11)$; $\quad$ $(-11, -25, -54)$; $\quad$ $(-54, 25, -11)$.

Calcul des valeurs α, $\qquad$ 6, $\qquad$ γ, $\qquad$ δ :

$$
\begin{array}{rrrr}
0, & -\ 1, & 1, & 0; \\
-\ 1, & -\ 5, & 0, & -\ 1; \\
-\ 5, & 6, & -\ 1, & 1; \\
6, & 11, & 1, & 2; \\
11, & -\ 39, & 2, & -\ 7; \\
-\ 39, & -\ 167, & -\ 7, & -\ 30; \\
-\ 167, & -\ 295, & -\ 30, & -\ 53; \\
-\ 295, & 167, & -\ 53, & 30;
\end{array}
$$

d'où l'on déduit $x' = 295$, $y' = 53$; et, par suite, $x = 590$, $y = 106$.

On aurait pour les valeurs *semblables*

$$x = 590t - 31 \cdot 106u, \qquad y = 106t - 590u;$$

et, si on prend $t = 1520$, $u = 273$, valeurs qui résolvent $T^2 - AU^2 = 1$, on trouve la solution précédemment obtenue $x = 278$, $y = 50$.

Dans l'application des deux méthodes nous avons suivi, pour la détermination de n et de N, les procédés indiqués par les auteurs; mais nous avons également obtenu leurs valeurs par un procédé particulier, que la longueur de ce mémoire, déjà trop étendu, nous empêche d'exposer ici.

FIN DES NOTES DU CINQUIÈME MÉMOIRE.

Paris. — Typographie de Firmin Didot frères, fils et C⁰, rue Jacob, 56.